BEI GRIN MACHT SICH IHR WISSEN BEZAHLT

- Wir veröffentlichen Ihre Hausarbeit, Bachelor- und Masterarbeit

- Ihr eigenes eBook und Buch - weltweit in allen wichtigen Shops

- Verdienen Sie an jedem Verkauf

Jetzt bei www.GRIN.com hochladen und kostenlos publizieren

Bibliografische Information der Deutschen Nationalbibliothek:

Die Deutsche Bibliothek verzeichnet diese Publikation in der Deutschen National-
bibliografie; detaillierte bibliografische Daten sind im Internet über http://dnb.d-
nb.de/ abrufbar.

Impressum:

Copyright © 2013 GRIN Verlag, Open Publishing GmbH
Druck und Bindung: Books on Demand GmbH, Norderstedt Germany
ISBN: 978-3-668-12700-5

Dieses Buch bei GRIN:

http://www.grin.com/de/e-book/313879/galaxien-auf-kollisionskurs-graviationssi-
mulation-von-mehrkoerperproblemen

Till Wicher, Sufjan Al-Arami, Christoph Freitag

Aus der Reihe: e-fellows.net stipendiaten-wissen

e-fellows.net (Hrsg.)

Band 1701

Galaxien auf Kollisionskurs. Graviationssimulation von Mehrkörperproblemen und Entwicklung einer Scriptsprache zum Beschreiben gravitativer Konstellationen

GRIN Verlag

Galaxien auf Kollisionskurs – Gravitationssimulation von Mehrkörperproblemen und Entwicklung einer Scripsprache zum Beschreiben gravitativer Konstellationen

Sufjan Al-Arami
Christoph Freitag
Till Wicher

Fachbetreuer: Udo Weitz, Robert Müller

Albert-Schweitzer-Gymnasium Erfurt,
Spezialschulteil für Mathematik,
Naturwissenschaften und Informatik
Vilniuser Str. 17a, 99089 Erfurt

Erfurt, den 19. April 2013

Inhaltsverzeichnis

Einleitung

In jeder Stunde nähert sich unsere Galaxie, die Milchstraße, dem Andromedanebel um 400.000km. Laut der US-Raumfahrtbehörde Nasa werden die Galaxien in ca. 4 Milliarden Jahren kollidieren. Nach weiteren 2 Milliarden Jahren sollen sie sich dann zu einer neuen, elliptischen Galaxie vereinigt haben. [l1]
Solche Vorgänge sind in der Entwicklung des Universums bis heute keine Besonderheit und haben eine große Bedeutung in der Strukturbildung der Materie. Trotzdem sind sie äußerst komplex und schwer vorstellbar.
Mit solchen Problemen beschäftigten wir uns in der Jugend forscht - Arbeit 2012 „Planeten in Aktion - Gravitationssimulation von Mehrkörperproblemen", im Rahmen derer wir eine Simulationssoftware namens Gravius 1.0 erstellten, mit welcher wir auch erfolgreich kleinere Szenarien mit bis zu 500 Körpern berechnen konnten. Beim Entwickeln dieses Programms konzentrierten wir uns besonders auf die physikalischen Grundlagen und stießen recht schnell an die Grenzen unseres einfachen Algorithmus, welcher nicht auf die Simulationen großer Körperanzahlen ausgelegt war. Eine umfassende Simulation, wie beispielsweise die Kollision zweier Galaxien, konnten wir damit nicht verwirklichen.
Dies motivierte uns, Gravius 1.0 im Rahmen der vorliegenden Arbeit zu Gravius 2.0 weiterzuentwickeln, sodass es leistungsstärker und einfacher in der Benutzung werden würde.
Wir beschlossen dennoch, ein völlig neues Programm zu schreiben und es somit von Grund auf zu optimieren, denn wie ein französisches Sprichwort sagt: „Um weiter zu springen, muß man einen Schritt zurücktreten.". Einzig und allein die Erfahrungen beim Erstellen von Gravius 1.0 übernahmen wir in das neue Projekt.
Um dem Ziel einer höheren Effizienz der Simulation näher zu kommen, nahmen wir uns vor, einen neuen Algorithmus für die Berechnung zu implementieren. Ferner planten wir zur Verbesserung der Benutzerfreundlichkeit die Entwicklung einer Scriptsprache zum Beschreiben von Szenen.

Bei der Erstellung dieser Arbeit danken wir Herrn Udo Weitz für den fachlichen Beistand im Bereich der Informatik, Herrn Robert Müller für die Betreuung in der Physik und unseren Freunden und Verwandten für die mentale Unterstützung sowie für Hinweise bezüglich der schriftlichen Ausarbeitung. Außerdem sprechen wir hiermit Herrn Martin Reidemeister unseren Dank für die Bereitstellung seiner Diplomarbeit aus.
Im besonderen Maße danken wir Sir Isaac Newton für die Herleitung und Formulierung des Gravitationsgesetzes.

1 Konzeption von Gravius 2.0

Zur Umsetzung der Ziele entschieden wir uns für eine Modularisierung des Programms in drei Teile, damit jeder einzeln entwickelt werden konnte. Somit gliederten wir Gravius 2.0 in die Module Simulation, Scriptengine und Visualisierung, welche in der grafischen Benutzeroberfläche zusammengeführt wurden.

Um die Simulation, im Vergleich zu Gravius 1.0, effizienter zu gestalten, implementierten wir den Barnes-Hut-Algorithmus, welcher beim Lösen des N-Körperproblems Anwendung findet. Mittels der Programmiersprache Java war es uns möglich, den Algorithmus so umzusetzen, dass wir tatsächlich eine große Leistungssteigerung erreichten.

Mit Gravius 1.0 war es sehr zeitaufwändig, komplexe Szenen zu erstellen, da die Eigenschaften jedes Körpers (Position, Geschwindigkeit, etc.) manuell festgelegt werden mussten. Sollte eine Szene mit vielen Objekten eine bestimmte Struktur aufweisen, beispielsweise eine ringförmige Anordnung der Körper, wie in einem Asteroidengürtel, so war es fast unmöglich, dies in einer angemessenen Zeit zu realisieren. Daher entwarfen wir eine Scriptsprache zum Beschreiben von Szenen, in denen ähnliche Objekte in Gruppen zusammengefasst und strukturelle Anordnungen unkompliziert umgesetzt werden können. Somit ist es möglich, bestimmte Eigenschaften für diese Gruppen und nicht nur für Einzelobjekte zu definieren.

Die Umsetzung dieser Scriptsprache gelang uns mit dem Implementieren einer Scriptengine, welche aus einer Szenenbeschreibung eine konkrete Szene erzeugt.

Die Visualisierung der Simulation als drittes Modul ist ein essentieller Bestandteil von Gravius, da die Anschaulichkeit der simulierten Werte einer Szene bestens über eine grafische Darstellung erreicht werden kann.

Letztendlich machte es die Modularisierung des Programms notwendig, gewisse Schnittstellen für den Transport der Daten zwischen den Modulen zu entwickeln. In der Umsetzung sind dies Dateiformate für die Speicherung von Szenen und Simulationen.

Von der Scriptengine erzeugte Dateien können von den Modulen der Simulation und Visualisierung geöffnet und anschließend verwendet bzw. als Vorschau angezeigt werden. Die Darstellung der vom Simulationsmodul geschriebenen Dateien ist ebenfalls durch das Visualisierungsmodul möglich.

2 Ansätze zur näherungsweisen Lösung von Mehrkörperproblemen

2.1 Theoretische Vorüberlegungen

Ziel dieser Arbeit war es, eine N-Körper-Simulation zu entwerfen und zu implementieren. N-Körperprobleme befassen sich mit der annähernden Lösung der Bewegungsgleichungen von mehr als zwei Körpern, die aufgrund ihrer Massen gravitativ in Wechselwirkung stehen.

Basis für diese Bewegungsgleichungen ist eine Differentialgleichung zweiter Ordnung. Sie beschreibt die Beschleunigung, welche auf ein Objekt im Gravitationsfeld wirkt:

$$\ddot{\vec{x}}_i = \gamma \cdot \sum_j \left(m_j \cdot \frac{\vec{x}_i - \vec{x}_j}{|\vec{x}_i - \vec{x}_j|^3} \right).$$

Ausgehend von einer klar definierten Anfangssituation, mit festen Massen, Positionen und Geschwindigkeiten, wird simuliert, wie sich das System mit der Zeit entwickelt.

Ein 2-Körperproblem ist eindeutig lösbar und reicht zum Beschreiben einiger tatsächlicher astronomischer Konstellationen aus. Dies gilt auch für Spezialfälle des 3-Körperproblems, bei denen einer der Körper eine vernachlässigbar kleine Masse hat. Das allgemeine 3-Körperproblem und infolgedessen jedes weitere N-Körperproblem können nur noch numerisch angenähert werden. Es gibt eine Vielzahl von Verfahren, welche die Lösung solcher Probleme approximieren.

In Gravius 2.0 haben wir das klassische Runge-Kutta-Verfahren ebenso wie das Euler-Verfahren implementiert. Beide sind im Zuge der Optimierung mit dem Barnes-Hut-Algorithmus gekoppelt worden.

2.2 Das Eulerverfahren

Das Eulerverfahren ist die einfachste Methode zur numerischen Berechnung von gravitativen Mehrkörperproblemen.

Im Prinzip wird die Differentialgleichung, die das Potential am Ort eines Objekts beschreibt, in zwei Differentialgleichungen aufgeteilt, die durch einfache Multiplikation mit der Zeitdifferenz näherungsweise integriert werden:

$$\begin{aligned}
\vec{x}_i{}' &= \vec{x}_i + \dot{\vec{x}}_i \cdot \Delta t \\
\dot{\vec{x}}_i{}' &= \dot{\vec{x}}_i + \ddot{\vec{x}}_i \cdot \Delta t
\end{aligned}$$

2.3 Das Runge-Kutta-Verfahren

Problematisch am Eulerverfahren ist, dass die Ableitungen für das gesamte Zeitintervall Δt als konstant angesehen werden. Ziel des Runge-Kutta-Verfahrens ist es, genau an dieser Stelle eine Verbesserung zu erreichen. Dazu wird nicht nur eine Stelle im Zeitintervall beachtet, sondern vier: Zunächst einmal an der Ausgangsposition, dann zwei mal in der Hälfte des Intervalls und schließlich einmal am Ende. Aus den gewichtet gemittelten Werten für die jeweiligen Stellen im Intervall wird anschließend durch Multiplikation mit der Zeitdifferenz die genauere Geschwindigkeits- und Wegänderung ermittelt.

Das auf Mehrkörperprobleme und damit auf Differentialgleichung zweiten Grades angepasste Runge-Kutta-Verfahren kann folgendermaßen formuliert werden[1]:

$$\begin{aligned}
\vec{a}_1 &= \vec{a}\left(\vec{x}_{[i]}\right) & \vec{v}_1 &= \vec{v}_{[i]} \\
\vec{a}_2 &= \vec{a}\left(\vec{x}_{[i]} + \tfrac{\Delta t}{2} \cdot \vec{v}_1\right) & \vec{v}_2 &= \vec{v}_{[i]} + \tfrac{\Delta t}{2} \cdot \vec{a}_1 \\
\vec{a}_3 &= \vec{a}\left(\vec{x}_{[i]} + \tfrac{\Delta t}{2} \cdot \vec{v}_2\right) & \vec{v}_3 &= \vec{v}_{[i]} + \tfrac{\Delta t}{2} \cdot \vec{a}_2 \\
\vec{a}_4 &= \vec{a}\left(\vec{x}_{[i]} + \Delta t \cdot \vec{v}_3\right) & \vec{v}_4 &= \vec{v}_{[i]} + \Delta t \cdot \vec{a}_3
\end{aligned}$$

$$\vec{v}_{[i+1]} = \vec{v}_{[i]} + \frac{\Delta t}{6}\left(\vec{a}_1 + 2\vec{a}_2 + 2\vec{a}_3 + \vec{a}_4\right)$$

$$\vec{x}_{[i+1]} = \vec{x}_{[i]} + \frac{\Delta t}{6}\left(\vec{v}_1 + 2\vec{v}_2 + 2\vec{v}_3 + \vec{v}_4\right)$$

Der Vorteil des Runge-Kutta-Verfahrens gegenüber dem Euler-Verfahren zeigt sich besonders in der Fehlerbetrachtung: Ersteres ist mit dem lokalen Fehler Δt^5 behaftet, während letzteres den wesentlich ungünstigeren lokalen Fehler Δt^2 aufweist. Für kleine Δt konvergiert demnach das Runge-Kutta-Verfahren viel stärker als das Euler-Verfahren.[2]

2.4 Der Barnes-Hut-Algorithmus

Im klassischen N-Körperproblem steht jeder Körper mit jedem anderen in Wechselwirkung, weshalb sich eine Gesamtzahl von $N \cdot (N-1)$ zu berechnenden Kräften oder Beschleunigungen für jeden Körper ergibt. Daraus folgt die große, dennoch polynomiale Zeitkomplexität von $O(N^2)$. Da der quadratische Rechenaufwand die Simulation für größere Körperanzahlen sehr ineffektiv macht und die Parallelisierung dieses Problems die Effizienzgrenze lediglich verschiebt, haben wir den Barnes-Hut-Algorithmus in unserem Programm implementiert, um die Effizienz tatsächlich zu steigern.

Dieser Algorithmus ist ein Näherungsverfahren zur Berechnung von Kräften in N-Körperproblemen, welches 1986 von Josh Barnes und Piet Hut veröffentlicht wurde.

Die Anzahl der zu berechnenden Kräfte wird durch das Zusammenfassen von Teilchengruppen zu einem neuen Pseudoteilchen, welches ausschließlich für die Berechnung relevant ist, verringert (siehe Abbildung 1).

Der Grundgedanke des Barnes-Hut-Algorithmus ist es, die Summe der Kräfte anzunähern, welche die einzelnen Körper (Teilchen) einer Gruppe auf einen anderen, der Gruppe nicht zugehörigen Körper, ausüben. Dazu wird die einzelne Kraft vom betrachteten Teilchen zum Massenschwerpunkt der Gruppe verwendet.

Damit der Fehler, der durch die Vereinfachung auftritt minimal bleibt, gibt es das Multipol-Akzeptanz-Kriterium. Dieses muss erfüllt sein, um die Summe der Einzelkräfte statt der Kraft zum ermittelten Pseudoteilchen zu berechnen. Als Multipol-Akzeptanz-Kriterium bezeichnet man das Verhältnis vom Durchmesser d zum Abstand r der Gruppe $\frac{d}{r}$. Wenn dieses einen bestimmten, vorher festgelegten Schwellwert θ überschreitet, sollte die Näherung nicht verwendet werden, um größere Fehler zu vermeiden. Je kleiner θ ist, desto genauer ist die Simulation, was im Grenzfall $\theta = 0$ wieder die Aufsummierung aller Einzelkräfte bedeutet. Für die Effektivität dieser Näherungsvariante ist eine geschickte Wahl von θ erforderlich.

---

[1] Siehe [L5]
[2] Siehe [L3] (S. 51 ff.)

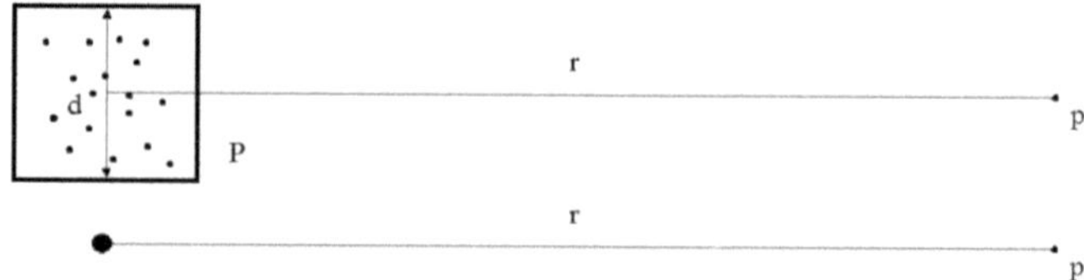

Abbildung 1: Vereinfachung einer Teilchengruppe, durch ein Pseudoteilchen mit Punktmasse (zweidimensionales Beispiel)

Ausgangspunkt für den Algorithmus ist eine vorgegebene Verteilung der Teilchen im dreidimensionalen Raum. Anfangs werden die Körper hierarchisch, in Form eines Octrees, strukturiert. Ein Octree ist eine Baumstruktur, bei der in jeder Ebene von jedem Knoten acht Äste abgehen, die aber auch leer sein können. Der Raum wird für diesen Vorgang in acht Zellen eingeteilt, welche die ersten acht Äste des Octree darstellen. Befindet sich in einem dieser Oktanten mehr als ein Teilchen, so wird dieser wieder in acht Zellen aufgeteilt, die als acht neue Äste am Knoten des aufgeteilten Oktanten, in der Baumstruktur auftauchen. Dieser Vorgang wird weitergeführt, bis jeder Körper einem eigenen Unteroktanten zugeordnet werden kann (siehe Abbildung 2).

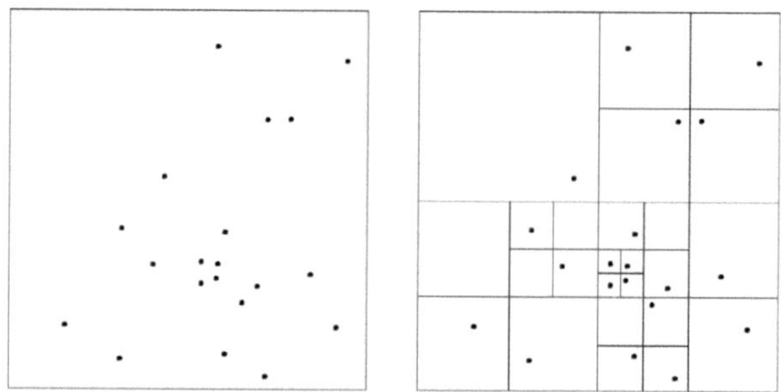

Abbildung 2: Unterteilung des Raumes zum einzelnen Erfassen der Objekte anhand eines zweidimensionalen Beispiels

Nachdem der Baum nun Information über die räumliche Verteilung der Teilchen beinhaltet, wird die Masseverteilung des Octree berechnet. Dabei wird für jeden Knoten des Baumes die Gesamtmasse und der Massenschwerpunkt ermittelt.
Mithilfe dieser Werte werden die Kräfte, die auf die Teilchen wirken, errechnet. Durch diese Kraftberechnung, erreicht der Barnes-Hut-Algorithmus einen wesentlichen Geschwindigkeitsvorteil gegenüber der klassischen Betrachtung aller Wechselwirkungen.
Es wird überprüft, ob $\frac{d}{r}$ bezüglich eines Körpers und eines Knotens unter dem vorher festgelegten Schwellwert θ liegt. Ist dies der Fall, so wird die Kraft mit Hilfe der Knotenmasse und dem Massenschwerpunkt berechnet. Liegt der Wert von θ darüber, so wird diese Betrachtung analog für alle Unteroktanten durchgeführt.
Durch dieses Verfahren ist es möglich, eine erhebliche Anzahl von Berechnungen durch einige wenige zu ersetzen. Der Rechenaufwand der Kraftberechnungen sinkt somit auf $O(N \cdot log(N))$, da ein Baum aufgebaut wird, welcher $log(N)$ Schichten hat, und man für jeden der N Körper diese Schichten betrachtet. Das Aufbauen des Baumes, in jedem Rechenschritt vorgenommen, vervielfacht den Rechenaufwand um einen konstanten Faktor und ist somit zu vernachlässigen.
Aufgrund der Komplexität von $O(N \cdot log(N))$ haben wir den Barnes-Hut-Algorithmus der klassischen Kräfteberechnung mit der Komplexität $O(N^2)$ vorgezogen und in Gravius implementiert.

3 Umsetzung des Barnes-Hut-Algorithmus

Bei der Implementierung des Barnes-Hut-Algorithmus in Java orientierten wir uns an einem Entwurf dessen von der NVIDIA Cooperation für CUDA-Grafikkarten, welcher 2011 von Martin Burtscher und Keshav Pingali entwickelt wurde.[3] Für uns waren dabei die optimierten Datenstrukturen und die Möglichkeiten der Parallelisierung von besonderem Interesse.

Bei unserer angelehnten Implementierung werden die im Octree organisierten Körper und Zellen ebenfalls in gemeinsamen Arrays verwaltet. Zellen sind dabei die Knoten des Octree, jedoch werden diejenigen, die nur einen Körper enthalten, in der Arraystruktur durch die Körper selbst ersetzt.

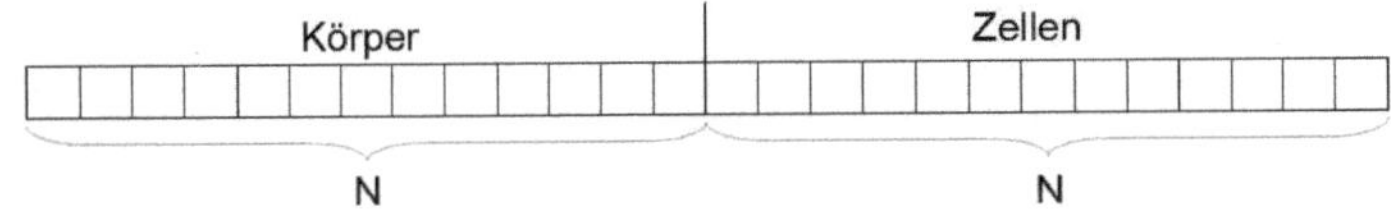

Abbildung 3: Optimierte Arraystruktur

Arrayname	Körper	Zellen	Datentyp
positions	Positionen	Schwerpunkte	3D-Vektor
velocities	Geschwindigkeiten	untere Eckpunkte	3D-Vektor
masses	Massen	Gesamtmassen ($\sum$ Unterelemente)	Gleitkommazahl
maxPoints	-	obere Eckpunkte	3D-Vektor
splitPoints	-	Teilungspunkte	3D-Vektor
subElems	-	Unterelemente (Indizes)	Integer
subElemsCount	-	Anzahl der Unterelemente	Integer

Tabelle 1: Arrays zur Repräsentation des Octree

Es gibt insgesamt sieben Arrays mit jeweils der Länge $2N$, wobei N gleich der Anzahl zu simulierender Objekte ist. In der ersten Hälfte (bis Index N) sind die Körper aufgeführt und in der zweiten Hälfte die Zellen. Dies ist möglich, weil es maximal so viele Zellen wie Körper geben kann. Das Array *subElems* hat jedoch eine Länge von $2 \cdot 8N$, da jede Zelle maximal acht Unterelemente besitzt, die hierin gespeichert sind.

Die Berechnung selbst lässt sich nun grob in fünf Funktionen aufteilen, welche im Folgenden erläutert werden.

3.1 Finden der Root-Zelle

In dieser Funktion wird die Root-Zelle ermittelt, welche den Index $2 \cdot N - 1$ belegt. Dafür sucht das Programm für die Eckpunkte die kleinsten Koordinaten aller Körper. Diese werden dann in die Arrays *velocities* und *maxPoints* eingetragen.

3.2 Aufbau des Octree

Beim Aufbau des Baums wird für jedes Teilchen überprüft, in welche Zelle im Raum es gehört. Bei dem ersten ist dies noch die bereits initialisierte Root-Zelle, jedoch kann es ab dem zweiten vorkommen, dass ein Körper in eine Zelle eingeordnet werden soll, in der sich schon ein anderer befindet.

In diesem Fall wird die Zelle in Unterzellen geteilt, die entsprechenden Arrays bearbeitet und die Körper in die jeweilige Unterzelle eingeordnet. Eine neue Zelle wird dann immer „links" von der zuletzt initialisierten Zelle gespeichert. Durch die so entstehende Reihenfolge der Zellen im Array wird sichergestellt, dass sich eine Zelle mit höherem Index im Vergleich zum niedrigeren Index in der gleichen oder in einer höheren Ebene des Baums befindet.

---

[3]Siehe [L1]

3.3 Zuweisung der Schwerpunkte

Mit der dritten Funktion errechnet man den Schwerpunkt jeder Zelle. Dazu wird zunächst die Gesamtmasse

$$m_{ges} = \sum_i (m_i)$$

und damit anschließend der Schwerpunkt

$$\vec{x}_S = \frac{\sum_i (m_i \cdot \vec{x}_i)}{m_{ges}}$$

bestimmt.

Der Index $i \in \{1, \ldots, 8\}$ gibt das jeweilige Unterelement der betrachteten Zelle an. Damit eine untergeordnete Zelle bereits einen Schwerpunkt besitzt, wird in den Arrays nacheinander „von links nach rechts" vorgegangen, also von den Zellen, welche nur noch Körper enthalten, bis zur Root-Zelle.

3.4 Berechnung der Kräfte

Diese Funktion leistet die Berechnung der Kräfte auf einen Körper in der Szene. Dafür wird der Baum von oben nach unten durchlaufen (das Array von der letzten zur ersten Stelle), während überprüft wird, ob das Multipol-Akzeptanz-Kriterium zu der jeweiligen Zelle erfüllt ist.

Befindet sich die Zelle für ihre Größe weit genug vom Körper entfernt, ist also das Kriterium erfüllt, wird die Kraft zwischen dem Körper und dem Schwerpunkt der Zelle berechnet und die Betrachtung der Unterzellen entfällt. Tritt dieser Fall jedoch nicht ein, muss eine Ebene tiefer in den Baum gegangen werden. Das Kriterium wird dann analog für alle Unterzellen getestet.

Alle berechneten Kräfte werden anschließend aufsummiert und können als Gesamtkraft weiterverwendet werden.

3.5 Integration der Bewegungen

Die vorherige Funktion kann von den implementierten Integrationsverfahren genutzt werden, um das Potential an der Position eines Körpers oder an einem Punkt im Raum zu bestimmen.

Hier tritt eine einfache Parallelisierung ins Spiel, weil die Wechselwirkungen jedes Körpers berechnet werden können, ohne in diesem Schritt gemeinsam genutzte Daten zu verändern. Dazu wird jedem Thread ein Teil der Körper zugeordnet, für welche er die Integration des Gravitationspotentials übernimmt.

Es ist möglich, verschiedene Einschrittverfahren für das Lösen von Mehrkörperproblemen zu benutzen, welche sich aus der im Programm definierten Schnittstelle ableiten. Neben den von uns implementierten Methoden kann Gravius damit auch durch andere erweitert werden.

4 Die Scriptsprache GSC zur Beschreibung einer Szene

4.1 Einführung in die Funktionen

Um Szenen beschreiben zu können, haben wir im Rahmen der vorliegenden Arbeit die Scriptsprache GSC („Gravius Script") entwickelt, mit welcher in Quelltextdokumenten die Eigenschaften der Objekte festgelegt werden. Dabei umschreibt der hier verwendete Begriff der Szene diese Menge von Objekten mit den Eigenschaften Position, Geschwindigkeit, Masse, Radius, Farbe und Objekttyp.

GSC bietet die Möglichkeit, sowohl Szenen mit individuellen Objekten, wie Planeten im Sonnensystem, als auch solche mit Gruppen von ähnlichen Objekten, wie Asteroiden im Kuipergürtel, zu beschreiben. Während unikate Himmelskörper wie die Erde statische Eigenschaften besitzen, muss es möglich sein, diese auch dynamisch zu formulieren. Dafür wurden einige Werkzeuge in der Sprache zur Verfügung gestellt.

Die Struktur eines Scripts kann für bestimmte Zwecke hierarchisch aufgebaut werden, wobei Positionen und Geschwindigkeiten untergeordneter Körper relativ zu dem übergeordneten gelten. Mit dieser Funktion ist es beispielsweise möglich, dem Mond in Abhängigkeit von der Erde, welche wiederum der Sonne untergeordnet ist, eine Bahn zuzuweisen. Damit müssen der Ort und die Bewegung des Mondes nicht absolut, sondern können relativ zur Erde angegeben werden.

Für den Aufbau von Szenarien, wie Planetensystemen, stellt die Scriptsprache Elemente zur Verfügung. Diese ermöglichen die Formulierung der Position und Geschwindigkeit eines Planeten durch die Angabe der Bahnparameter von Ellipsen, wie große Halbachse, Exzentrizität, etc.

Weitere Besonderheiten sind die verfügbaren Einheiten der Länge und Masse, wie zum Beispiel das Lichtjahr. Arithmetische Berechnungen sind in dem Rahmen möglich, wie sie in der Programmiersprache Java verfügbar sind. Außerdem kann für spezielle Anforderungen Java-Code direkt eingebunden werden, um beispielsweise einen Algorithmus für die Verteilung von Objekten zu implementieren.

All diese Funktionen werden im Folgenden in ihrer Syntax und Semantik beleuchtet.

4.2 Die statische Objektdefinition

Ein Objekt hat fünf Eigenschaften, die gesetzt werden müssen. Jede dieser wird durch eine Variable (*pos*: Position, *vel*: Geschwindigkeit, *radius*: Radius, *mass*: Masse und *color*: Farbe) in dem Abschnitt der Definition des Objektes repräsentiert und kann durch Wertzuweisung oder Berechnung bestimmt werden. Die wichtigsten Datentypen dabei sind: Gleitkommazahlen, dreidimensionale Vektoren und Farben. Ein Vektor wird durch Aufruf der Funktion $vec(x,y,z)$ oder $pol(r,\phi,\lambda)$ initialisiert, wobei erstere karthesische und letztere polare Koordinaten als Argumente erwartet. Farben werden im Java-Stil mit dem Konstruktoraufruf der Farbklasse *Color* erzeugt: $new\,Color(r,g,b)$. Die Definition eines Objekts besteht aus einem Kopf mit dem Schlüsselwort *object* und der Angabe des Namens. Darauf folgt eingerückt die Zuweisung der Eigenschaften. Das folgende Beispiel zeigt, wie das Objekt *Sonne* definiert werden würde:

```
1  object Sonne
2      pos = vec(0,0,0)
3      vel = vec(0,0,0)
4      mass = ms
5      radius = 700000km
6      color = new Color(255, 255, 0)
```

Abbildung 4: Eine einfache statische Objektdefinition am Beispiel der Sonne

Die Sonne hat ihre Position im Koordinatenursprung und erhält „keine" Bewegung. Ihre Masse kann einfach durch Verwendung der vordefinierten Größe "ms" als Sonnenmasse zugewiesen werden.

4.3 Dynamische Eigenschaften und Objektgruppen

Für die Erstellung einer großen Anzahl von Objekten mit ähnlichen Eigeschaften, wie beispielsweise einem Asteroidengürtel, ist es wünschenswert, nicht jedes einzeln beschreiben zu müssen. Stattdessen bietet die Scriptsprache die Funktion, eine Klasse von Objekten durch die Verwendung von Wertebereichen oder Java-Code zu definieren. Eine solche Objektdeklaration unterscheidet sich lediglich von einer statischen durch die Angabe der Anzahl und die Verwendung dynamischer Eigenschaften.

Wertebereiche

Da die Asteroiden in ihrer Anordnung um die Sonne keiner eindeutigen Form folgen, bietet es sich an, ihre Eigenschaften über Wertebereiche zu definieren. Diese bestehen aus einer unteren und einer oberen Grenze. Für ein spezielles Objekt wird ein zufälliger Wert innerhalb des Intervalls erzeugt und verwendet.

In diesem Beispiel werden 1000 Asteroiden mit fiktiven Werten erzeugt:

```
1  object Asteroid 1000
2      java pos = pol([3AE...3.5AE], [0...360], [-10...10])
3      vel = vec(0, 0, 0)
4      mass = [100kg...10000t]
5      java radius = mass/10000t*1.5km
6      color = new Color(255, 255, 255)
```

Abbildung 5: Objektdefinition mit Wertebereichen

4.4 Hierarchie im Universum

Die Asteroiden des letzten Beispiels benötigen einen Zentralkörper, die Sonne, um sich auf elliptischen Bahnen zu bewegen. Wird der Zentralkörper als übergeordnetes Objekt definiert, kann die Scriptsprache die Berechnung der jeweiligen Geschwindigkeiten übernehmen.

Die syntaktische Umsetzung der Hierarchie wird durch einfaches Einrücken der gesamten Objektdefinition unter der des übergeordneten Objekts erreicht:

```
object Sonne
    pos = vec(0,0,0)
    vel = vec(0,0,0)
    mass = ms
    radius = 700000km
    color = new Color(255, 255, 0)


object Asteroid 1000
    java pos = pol([3AE...3.5AE], [0...360], [-10...10])
    vel = vec(0,0,0)
    mass = [100kg...10000t]
    java radius = mass/10000t*1.5km
    color = new Color(255, 255, 255)
```

Abbildung 6: Hierarchie - Asteroiden der Sonne untergeordnet

Zur Definition der Geschwindigkeit der Asteroiden können drei verschiedene Wege beschritten werden:

1. *Die Zuweisung einer Kreisbahngeschwindigkeit.* Mit der Funktion $vel = kreisbahn(k_x, k_y, k_z)$ wird in der Scriptsprache eine Kreisbahn beschrieben, deren „Rotationsachse" durch die Argumente festgelegt wird. Vor dem Aufruf muss jedoch die Position des Objekts definiert werden, da diese mit der Position und Masse des übergeordneten Objekts (dieses muss ebenfalls vorhanden sein) die nötigen Größen zur Berechnung des Geschwindigkeitsvektors sind.

2. *Die Erzeugung einer elliptischen Bahn.* Hierzu gibt es die Möglichkeit, Position und Geschwindigkeit mit einem Funktionsaufruf zu berechnen. Dies wird durch die Funktion

$$createElliptical Orbit(m_{über}, m, pos, vel, a, e, \phi, i, \omega, \Omega)$$

realisiert, die folgende Argumente erwartet: Masse des übergeordneten Objekts $m_{über}$, Masse dieses Objekts m, *pos*-Variable, *vel*-Variable (beide als Symbole), große Halbachse a, numerische Exzentrizität e, Winkel des Leitstrahls des Objekts zur Referenzlinie (Gerade durch Mittelpunkt des übergeordneten Objekts parallel zur x-Achse) oder Umlaufwinkelϕ, Inklination i, Argument des Perizentrums (Winkel der Periheldrehung) ω, Länge des aufsteigenden Knotens Ω (Winkel zwischen der Referenzlinie, und der Schnittgeraden der Ellipsen- und Referenzebene).
Die verkürzte Variante der Funktion,

$$createElliptical Orbit(m_{über}, m, pos, vel, a, e, \phi),$$

kann ebenfalls verwendet werden. Die fehlenden Argumente erhalten den Wert 0.[4]

3. *Implementierung direkt in Java.* Sollen komplexere Anordnungen von Objekten generiert werden, ist es notwendig, auf Java auszuweichen. Dabei können Variablen, Schleifen und Bedingungen verwendet werden, jedoch keine mehrzeiligen Java-Syntaxelemente, da die Zeilen, die mit *java* beginnen, intern lediglich durch ein Semikolon ergänzt werden.

Das Beispiel der Asteroiden könnte demnach folgendermaßen erweitert werden:

---

[4] Für die Implementierung dieser Funktion nutzten wir [L4]

```
object Sonne
    pos = vec(0,0,0)
    vel = vec(0,0,0)
    mass = ms radius = 700000km
    color = new Color(255, 255, 0)

object Asteroid 1000
    java createKeplerOrbit(parent.mass, mass, pos, vel, 149.6e9, 0.01, rad
        (128.30), 0, 0, 0)
    mass = [100kg...10000t]
    java radius = mass/10000t*1.5km
    color = new Color(255, 255, 255)
```

Abbildung 7: Asteroiden mit einer elliptischen Bahn

Die Variable *parent*, wie im Beispiel zu sehen, ist ebenfalls in jeder eingebetteten Objektdefinition verfügbar. Über diese können alle Eigenschaften des hierarchisch übergeordneten Objekts abgefragt werden.

4.5 Zusammenführen einer Szene

Eine Szene im Sinne von GSC besteht aus mindestens einer Objektdefinition. Um jedoch ein komplettes Script zu formulieren, muss eine Szenendefinition an den Anfang gestellt werden. Diese besteht aus dem Schlüsselwort *scene* und einem Namen. Alles Folgende wird einfach eingerückt, sodass das gesamte Script folgendermaßen aussehen könnte:

```
scene Sonnensystem
    object Sonne
        pos = vec(0,0,0)
        vel = vec(0,0,0)
        mass = ms
        radius = 700000km
        color = new Color(255, 255, 0)


    object Asteroid 1000
        java createKeplerOrbit(parent.mass, mass, pos, vel, 149.6e9,
            0.01, rad(128.30), 0, 0, 0)
        mass = [100kg...10000t]
        java radius = mass/10000t*1.5km
        color = new Color(255, 255, 255)
```

Abbildung 8: Hierarchie - Asteroiden der Sonne untergeordnet

4.6 Details zu eingebettetem Java-Code

Jede durch java begonnene Definition kann als Java-Anweisung aufgefasst werden, die intern durch ein Semikolon ergänzt wird. Das bedeutet, dass es nicht möglich ist, mehrzeilige Java-Syntaxelemente (z.B. Funktionen) in das Script einzubauen. Variablen, Schleifen und Bedingungen können stattdessen ohne Probleme verwendet werden. Es gibt zwei verschiedene Typen von Variablen, lokale und globale, die sich durch den Ort der Deklara- tion unterscheiden.

Lokale Variablen   Lokale Variablen existieren nur innerhalb der Objektdefinition, in der sie deklariert werden. Dies schließt auch deren Weiterverwendung bei untergeordneten Objekten aus.

Globale Variablen   Globale Variablen dagegen sind in allen Objektdefinitionen sichtbar. Sie werden nach der Szenendefinition und vor der ersten Objektdefinition eingerückt deklariert.

Ein kleines Beispiel soll dies verdeutlichen:

```
1   scene Sonnensystem
2       java double radiusScale = 10.0
3       object Sonne
4           pos = vec(0,0,0)
5           vel = vec(0,0,0)
6           mass = ms
7           java radius = 700000km*radiusScale
8
9           java int gelbWert = 200
10          java color = new Color(gelbWert, gelbWert, 0)
11
12      object Asteroid 1000
13          java double w = 10
14          java pos = pol([3AE...3.5AE], [0...360], [-w...w]
15          vel = vec(0,0,0)
16          mass = [100kg...10000t]
17          java radius = mass/10000t * 1.5km * radiusScale
18          color = new Color(255, 255, 255)
```

Abbildung 9: Erweiterte Szene mit lokalen und globalen Variablen

Die globale Variable *radiusScale* ist für die Sonne und für jeden Asteroiden gültig und wird zur Skalier- ung der Radien verwendet. Dagegen wird die Variable *w* in der Asteroidendefinition deklariert und ist damit ebenso lokal wie *gelbWert*.

5 Visualisierung der Simulationen

Die Simulationen sind im dreidimensionalen Raum beschrieben, weshalb wir zu Veranschaulichung auch die Darstellung dreidimensional gestalten wollten.

Zum Erstellen der Anzeige entschieden wir uns für die Nutzung der Programmierschnittstelle OpenGl. Diese ist plattformunabhängig und bietet ein sehr weites Funktionsspektrum zum Implementieren komplexer 3D-Szenen.

Da alle Körper im Weltraum aufgrund der Entfernungen zueinander in guter Näherung als Kugeln angesehen werden können, werden Objekte als diese dargestellt. Diese können mit einer Zeichen-Methode direkt auf dem Bildschirm dargestellt werden.

Um die Körper farbig vor dem schwarzen Hintergrund erkennen zu können, haben wir eine Lichtquelle installiert, die von oben die Szene beleuchtet.

Zur besseren Orientierung in der Szene wurden die drei Koordinatenachsen farbig eingefügt (x-Achse rot, y-Achse grün, z-Achse blau).

Um sich in der Szene zu bewegen gibt es verschiedene Möglichkeiten. Durch Betätigen der linken Maustaste und gleichzeitiger Mausbewegung kann man die Ansicht drehen. Der Zoomfaktor lässt sich dabei durch Drehung des Mausrades anpassen.

Neben der Darstellung der Bewegungen der Körper besitzt Gravius 2.0 noch die Möglichkeit der Visualisierung mittels des eigens entwickelten Raytracers.

Dieser ermittelt für jeden Sichtstrahl in die dreidimensionale Szene das Gravitationspotential an der jeweiligen Stelle. Auf Grundlage dieses wird die Farbe jedes Pixels des Bildes berechnet. Umso größer das Potential an einer Stelle ist, umso heller ist die farbliche Umsetzung im gerenderten Bild.

Es wird für jede Momentaufnahme der Simulation ein Bild erstellt und die einzelnen Darstellungen können ab- schließend zu einem Video zusammengefügt werden.

Abbildung 10: Darstellung einer Momentaufnahme zweier Galaxien mithilfe des Raytracers

Um die einzelnen Module von Gravius 2.0 zusammenzufügen entwickelten wir eine grafische Benutzeroberfläche. Darin können verschiedene Projekte in einer Baumstruktur verwaltet und zu jedem Projekt ein Script mit mehreren Simulationen und Visualisierungen organisiert werden.

In der Benutzeroberfläche finden sich neben einem Texteditor zum Erstellen von Scripten auch Programm-Tabs zum Steuern von Simulation und Visualisierung, dem Verändern der jeweiligen Einstellungen und Angaben zum Arbeitsfortschritt.

6 Kollision zweier Galaxien in Gravius 2.0

Um die Leistungsfähigkeit und die Funktionalität von Gravius 2.0 zu testen, erstellten wir eine Szene mit zwei Galaxien. In diesen kreisen jeweils 2000 Sterne um ein massereiches Zentralobjekt und sind jeweils in einer elliptischen Scheibe mit einer großen Halbachse von 100 000 ly angeordnet. Beide Galaxien sind 400 000 ly voneinander entfernt und besitzen eine derartige Geschwindigkeit, dass sie nicht zentral aufeinander treffen können, sondern sich seitlich streifen. Ferner ist eine von ihnen um nahezu 90° verdreht. Die Massen der Sterne sind so gewählt, dass diese in der Summe diejenige einer Galaxienscheibe mit wesentlich mehr Sternen ergeben.

Beim Abspielen der Simulation kann man erkennen, dass die Galaxien sich näher kommen, während sie umeinander kreisen. Es kommt zu Wechselwirkungen zwischen den Sternen und den Zentralobjekten der Galaxien, sodass einzelne Sterne die kollidierenden Systeme verlassen, während andere bei ihren Zentralobjekten verbleiben.

Die folgenden ausgewählten Abbildungen zeigen den Verlauf der Kollision, wobei die erste die Ausgangskonstellation darstellt:

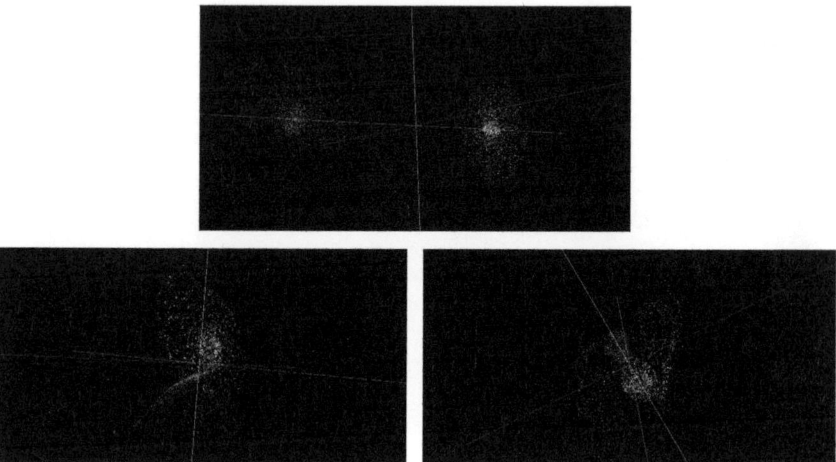

Abbildung 11: Kollision der zwei Galaxien (Oben: Ausgangskonstellation; Links: Erste merkliche Wechsel-wirkung; Rechts: Direkte Kollision)

Bis jetzt hat die Simulation Grenzen, da ein wirkliches Verschmelzen der Galaxien über einen kurzen Zeitraum noch nicht zu beobachten ist. Dies könnte daran liegen, dass 2000 Sterne nicht im Ansatz an die eigentliche Anzahl von Sternen in einer Galaxie heranreichen. Ferner wird keine Materie in Form von Gasen betrachtet, die die Dynamik des Systems dahingehend verändern würde, dass ein Verschmelzen begünstigt werden würde.
Dennoch haben wir es geschafft, mithilfe unserer Scriptsprache durch weniger als 30 Zeilen eine vereinfachte Galaxie zu beschreiben und letztlich durch die Simulation eine Kollision von zwei Galaxien in ihren Ansätzen nachzustellen.

7   Realitätsanspruch am Beispiel einer Galaxie

Um mit Gravius 2.0 erstellte Szenen und durchgeführte Simulationen auf Richtigkeit untersuchen zu können, haben wir die Möglichkeit implementiert, Szenen und Simulationen zu analysieren, indem unter anderem die Rotation-skurve einer Galaxie aufgestellt werden kann. Dabei wird die Kurve zu einer gegeben Momentaufnahme ermittelt, indem die Geschwindigkeit der Rotation in Abhängigkeit vom Abstand zum Galaxienmittelpunkt untersucht wird.

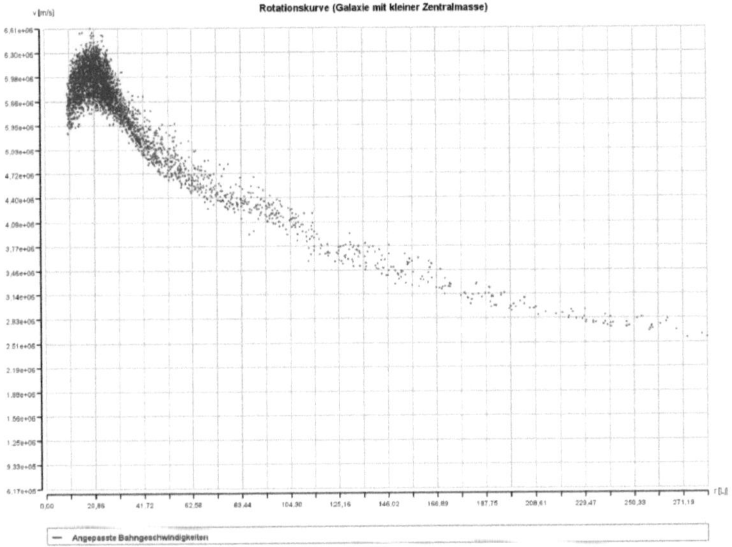

Abbildung 12: Rotationskurve einer simulierten Galaxie

Diese Rotationskurve veranschaulicht die Geschwindigkeitsverteilung der Sterne unserer Modellgalaxie und unterscheidet sich noch von denen in der Realität.

Im Diagramm erkennt man klar die Abnahme der Geschwindigkeit bei steigendem Abstand nach den Kepler'schen Gesetzen $v \sim \frac{1}{\sqrt{r}}$. Lediglich nahe am Zentrum konnten wir aufgrund der Wahl der Dichteverteilung eine Abweichung von Kepler zur Realität erreichen.

Reale Rotationskurven weisen mit wachsendem Abstand zu Beginn einen steilen Anstieg und dann relativ lang eine nahezu konstante Entwicklung auf. Diese Anomalie in den Beobachtungen wird mit der Anwesenheit Dunkler Materie begründet.

Da diese nach dem aktuellen Stand sogar einen größeren Anteil als die leuchtende Materie ausmacht, kann darin diese sehr starke Abweichung begründet werden. Weil wir dunkle Materie in unseren Simulationen nicht beachten, kommt es bei Simulationen von Galaxien immer zu Abweichungen von den reell ermittelten Werten.

Dennoch gelingt es uns, mithilfe der Scriptsprache Galaxien zu beschreiben, welche lange stabil sind. Diese sind jedoch nur Modelle und werden von uns immer weiter verbessert, um sie der Realität anzupassen.

Zusammenfassung

Das Ziel unserer Arbeit war es, eine umfassende und leistungsstarke Software zur Gravitationssimulation zu entwickeln. Dies ist uns mit Gravius 2.0 gelungen.

Wir konnten die Simulation durch Verwendung des Barnes-Hut-Algorithmus sehr leistungsstark gestalten und dabei eine anschauliche und übersichtliche Darstellung bieten. Der Umgang mit Gravius 2.0 ist intuitiv, sodass jeder Nutzer, ohne informatisches und physikalisches Spezialwissen, Szenen simulieren kann.

Ein weiteres unserer Ziele war es, das unkomplizierte und schnelle Erstellen von komplexen Szenen zu ermöglichen. Dazu entwickelten wir die Scriptsprache GSC, welche mittels ihres großen Funktionsumfangs die Beschreibung nahezu beliebiger Szenen ermöglicht. In wenigen Schritten kann der Nutzer mit Gravius 2.0 diese Scripte kompilieren und anschließend direkt darstellen lassen. Dabei ist selbst für umfangreiche Szenen eine flüssige Ansicht gewährleistet.

Gravius 2.0 ist in seiner jetzigen Programmierung auf Gravitationssimulation ausgelegt. Es ist jedoch mit minimalen Änderungen möglich, den von uns implementierten universellen Algorithmus auf andere Wechselwirkungen zu übertragen. Ein mögliches Beispiel hierbei wäre die Kräfteberechnung zwischen geladenen Teilchen. Dies jedoch würde den Rahmen der vorliegenden Arbeit überschreiten, stellt aber eine Erweiterungs- und Fortführungsmöglichkeit dar.

Zusammenfassend konnten wir alle Ziele erreichen, was uns durch sehr gute und kontinuierliche Zusammenarbeit möglich war.

Anhang

Literatur

[L1] Burtscher, Martin; Pingali, Keshav: *An Efficient CUDA Implementation of the Tree-Based Barnes Hut n-Body Algorithm.* In: Hwu, Men-Wei W.: *GPU Computing Gems.* Burlington. Morgan Kaufmann, 1. Auflage 2011, S. 75-92.

[L2] Gupta, Anoop; Singh, Jaswinder Pal; Totsuka, Takashi; et al.: *Load Balancing and Data Locality in Adaptive Hierarchical N-body Methods: Barnes-Hut, Fast Multipole, and Radiosity.* Computer Systems Laboratory Stanford University, Stanford 1995.

[L3] Pertsch, Thomas: Computational Physics I. Friedrich-Schiller-Universität Jena, Jena 8. 2. 2013.

[L4] Reidemeister, Martin: *Resonante Dynamik von Staubteilchen in Trümmerscheiben mit Planeten.* Diplomarbeit, Physikalisch-Astronomische Fakultät Friedrich-Schiller-Universität Jena, Jena 2009.

[L5] Voesenek, C.J.: Implementing a Fourth Order Runge-Kutta Method for Orbit Simulation. 14. 6. 2008.

Internetquellen

[I1] Phillips, Tony: *Astronomers Predict Titanic Collision: Milky Way vs. Andromeda.* Verfügbar unter: http://science.nasa.gov/science-news/science-at-nasa/2012/31may_andromeda/ [18. 12. 2012]

Bildquellen

[A1] Alle Bilder befinden sich im Privatbesitz von Sufjan Al-Arami, Christoph Freitag und Till Wicher.